NOTE

SUR

LA FLORE

DE LA

KROUMIRIE CENTRALE

EXPLORÉE, EN 1883, PAR LA MISSION BOTANIQUE

SOUS LES AUSPICES DU MINISTÈRE DE L'INSTRUCTION PUBLIQUE.

PAR

E. COSSON

DE L'INSTITUT, PRÉSIDENT DE LA MISSION.

Extrait du *Bulletin de la Société botanique de France*, t. XXXII,
additions à la séance du 26 juin 1885.

PARIS

IMPRIMERIES RÉUNIES, A

BOURLOTON

HOTEL MIGNON, RUE MIGNON, 2.

.M DCCC LXXXV.

EXPLORATION

SCIENTIFIQUE

DE LA TUNISIE,

PUBLIÉE

SOUS LES AUSPICES DU MINISTÈRE DE L'INSTRUCTION PUBLIQUE.

BOTANIQUE.

NOTE

SUR

LA FLORE DE LA KROUMIRIE CENTRALE.

BOURLOTON. — Imprimeries réunies, A, rue Mignon, 2, Paris.

NOTE

SUR

LA FLORE

DE LA

KROUMIRIE CENTRALE

EXPLORÉE, EN 1883, PAR LA MISSION BOTANIQUE

SOUS LES AUSPICES DU MINISTÈRE DE L'INSTRUCTION PUBLIQUE.

PAR

E. COSSON

DE L'INSTITUT, PRÉSIDENT DE LA MISSION.

Extrait du *Bulletin de la Société botanique de France*, t. XXXII,
additions à la séance du 26 juin 1885.

PARIS

IMPRIMERIES RÉUNIES, A

BOURLOTON

HOTEL MIGNON, RUE MIGNON, 2.

M DCCC LXXXV.

NOTE

SUR

LA FLORE

DE LA

KROUMIRIE CENTRALE.

L'intérêt que la Société a bien voulu prendre aux recherches de la Mission botanique tunisienne de 1883 (1) me fait espérer qu'elle admettra dans notre Bulletin, malgré son étendue, le compte rendu détaillé de nos explorations, du 30 juin au 8 juillet, dans la Kroumirie, une des parties de la Régence jusqu'ici complètement inconnue au point de vue botanique, l'accès de cette contrée, avant l'établissement du protectorat français, ayant été fermé non seulement aux Européens, mais même aux représentants de l'autorité beylicale.

Je détache ce compte rendu du Rapport d'ensemble encore manuscrit et dont un extrait a été adressé à M. le Ministre de l'Instruction publique et des Beaux-Arts. Malgré les lacunes qu'il présente, en raison de la saison à laquelle nous avons parcouru le pays, de la faible durée de

(1) La Mission se composait de M. E. Cosson, président ; de MM. Doùmet-Adanson, A. Letourneux, V. Reboud, membres ; de MM. Barratte, Bonnet et Clément Duval, membres adjoints. — Je me fais un plaisir de rendre hommage au zèle avec lequel mes compagnons de voyage m'ont secondé dans mes recherches, ainsi que pour la préparation des échantillons, tâche rendue souvent difficile par la rapidité avec laquelle la saison déjà avancée nous forçait à réaliser un programme dont l'étendue ne permettai pour ainsi dire aucun temps d'arrêt.

notre séjour, que nous avons dû abréger pour des circonstances indépendantes de notre volonté (la maladie d'un des membres de la mission et les nouvelles que nous recevions de l'épidémie cholérique en Orient, qui nous faisaient craindre d'avoir à subir une quarantaine à notre retour en France), il mettra en relief les caractères généraux de la flore du pays. Grâce à la sécurité dont on jouit maintenant en Kroumirie, et à la protection des autorités militaires, qui nous ont donné le concours le plus bienveillant et ont mis à notre disposition les guides, les moyens de transport et de campement, etc., nous avons pu en quelques jours réunir un ensemble de documents qu'un explorateur isolé n'aurait pu certainement obtenir qu'en plusieurs mois.

Dans le trajet que nous venions de faire (1) dans les plaines au sud de Kerouan (où il n'avait pas plu depuis l'hiver), dès le 12 juin, la végétation était trop avancée pour qu'il fût possible de faire de véritables herborisations ; nous n'y trouvions en bon état que quelques espèces tardives, et nous devions surtout prendre des notes sur la flore en récoltant, à grand'peine, pour le contrôle de ces notes, les rares échantillons qui avaient échappé à la sécheresse générale. Tout botaniste comprendra que nous avions hâte de quitter ces localités dont le tapis végétal, pour me servir de l'expression familière par laquelle nous le caractérisions, n'était plus qu'à l'état de *paillasson*. Nous avions fait quelques explorations fructueuses à Aïn-Cherichira, à Kessera, à Souk-el-Djema, à El-Kef, dont les reliefs montueux nous avaient offert d'intéressantes constatations ; mais, je le répète, nous étions pressés de gagner la Kroumirie, où nous savions, par des renseignements certains, que des pluies abondantes avaient maintenu une fraîcheur de la végétation qui était du meilleur augure.

Le 28 juin, dans l'après-midi, nous avions dressé nos tentes à Souk-el-Arba (alt. 1 i2ᵐ,75 Ingén.), dans la vallée de la Medjerda, au voisinage de la gare du chemin de fer et des baraquements du camp français. Malgré la chaleur (33 degrés) rendue accablante par un léger *siroco*, nous avions terminé la journée par une exploration de la plaine, le long de l'Oued Melleg et de la Medjerda, qui nous avait fourni la plupart des espèces de cette riche vallée, bien que la moisson des blés y fût déjà en grande partie faite.

Le 29, à la pointe du jour, nous levons nos tentes, et nous sommes heureux de nous mettre en route pour combattre le froid dont nous avons souffert pendant la nuit, et dont les atteintes nous ont été d'autant plus pénibles que la veille la chaleur avait été très élevée. Dans le trajet que nous avons à faire dans la plaine de la Medjerda, pour gagner la route de Fernana,

(1) Voir, pour l'itinéraire parcouru, le Rapport sommaire adressé à M. le Ministre de l'Instruction publique sur la Mission botanique de 1883.

nous voyons partout le *Cynara Cardunculus*, dont le beau développement est l'indice de la profondeur et de la richesse du sol arable. Le *Centaurea Schouwii* y est une des espèces les plus généralement répandues avec les *Echinops spinosus, Carlina lanata, Kentrophyllum lanatum, Centaurea Calcitrapa*, et les trois espèces de *Scolymus* (*S. hispanicus, grandiflorus* et *maculatus*). En quittant la plaine de la Medjerda, nous rejoignons la route carrossable de Fernana, récemment tracée, dont nous nous écartons souvent pour prendre les raccourcis que nous offrent les anciens sentiers arabes, et nous traversons des coteaux couverts de broussailles et des champs cultivés où paissent des bandes de chameaux et des troupeaux de taureaux et de vaches d'une race bien supérieure à celle que nous avons généralement rencontrée en Tunisie. Dans une dépression humide, au bord de la route, croît en abondance le *Triticum repens* var. *glaucum*, nouveau pour la flore. Nos guides nous montrent dans le lointain la cime d'un gigantesque Chêne-Liège (en arabe *Fernan*) qui a donné son nom à la localité. Cet arbre légendaire, sous l'ombrage duquel nous ne tardons pas à faire la grand'halte, ne mesure pas moins de 5ᵐ,70 de tour. C'est là qu'avant l'occupation française se réunissaient, à jour fixe, les Kroumirs pour décider s'ils devaient, oui ou non, payer l'impôt réclamé par le bey. L'impôt ne devait être versé aux représentants de l'autorité beylicale que si toutes les feuilles de l'arbre étaient immobiles, et il va sans dire que, l'accès de la Kroumirie étant fermé aux troupes du bey, toutes les dispositions étaient prises pour qu'au moins une partie du feuillage ne fût pas immobile. Maintenant sont établies quelques cantines au voisinage du fameux *Fernan*, et dans les terrains défrichés qui les entourent nous recueillons les *Corrigiola littoralis, Carduncellus multifidus* (que nous n'avions pas encore observé), *Carlina racemosa, Centaurea Schouwii, Heliotropium supinum, Thymelæa Passerina* (rare en Tunisie), *Polygonum Bellardi, Phalaris truncata, Gastridium scabrum*, etc.

De Fernana au Camp-de-la-santé (Fedj El-Saha) nous quittons fréquemment la route carrossable pour pénétrer dans les broussailles, dont des Chênes-Liège rabougris, avec le Myrte, forment la plus grande partie, et où nous trouvons les *Delphinium pentagynum* et *Teucrium resupinatum*. Dans une vallée assez profonde, sur les bords d'un ruisseau couverts de Lauriers-Rose, des Frênes (*Fraxinus australis*) et des Peupliers (*Populus nigra*) sont enlacés de Vignes sauvages; l'*Œnanthe anomala*, qui n'avait encore été observé en Tunisie qu'à une seule localité, s'offre à nous pour la première fois; le *Juncus Fontanesii* et l'*Hordeum bulbosum* y sont d'une extrême abondance. Un étroit sentier, tracé à travers les broussailles d'un coteau à pente assez raide, nous conduit au Camp-de-la-santé (Fedj El-Saha) où est établi le campement de quelques disciplinaires. Là nous installons nos tentes dans une forêt où le Chêne-Liège (*Quercus*

Suber) et le *Chêne-Zen* (*Quercus Mirbeckii*) forment une véritable futaie. Nous faisons une rapide reconnaissance aux environs du camp, où nous avons la satisfaction de trouver la végétation en parfait état, et de constater l'analogie, que nous avions pressentie, de cette belle forêt avec celle des montagnes des environs de Bône, le Djebel Edough.

La journée du 30 juin et la matinée du 1er juillet sont consacrées à une exploration attentive des environs du camp, sur une étendue approximative de 4 kilomètres du sud au nord, et de 3 kilomètres de l'ouest à l'est. Nos herborisations, dirigées en tous sens, ont compris la forêt entre notre campement et le point culminant, une fontaine ferrugineuse, près et à l'est du camp, donnant naissance à un petit marécage, les broussailles à l'ouest de la forêt jusqu'à la route carrossable d'Aïn-Draham, les belles futaies du versant nord jusqu'à une fontaine que nous avons dénommée *fontaine Nizey* (1). Le nombre des espèces observées constituant plus que leur rareté l'intérêt d'une flore assez uniforme, pour éviter les répétitions qu'entraînerait l'exposé minutieux de nos explorations, nous nous bornerons à décrire l'ensemble du pays, à donner quelques détails sur les points les plus intéressants que nous avons explorés, et à grouper, dans la liste générale des plantes du massif montagneux de la Kroumirie centrale, la mention des espèces que nous avons constatées au Camp-de-la-santé. Le Chêne-Liège sur le versant sud est l'essence dominante de la forêt, et la plupart de ces beaux arbres mesurent en circonférence 2 à 3 mètres. Le Chêne-Zen (*Quercus Mirbeckii*) ne s'y rencontre que par sujets isolés; mais, sur la pente nord et surtout dans les parties les plus fraîches, il devient au contraire l'essence forestière dominante : la plupart des sujets y atteignent les proportions de nos plus grands arbres forestiers, et la circonférence de leur tronc est généralement de 2 à 3 mètres. L'Aune (*Alnus glutinosa*) et un Saule (*Salix pedicellata*) ne croissent guère qu'aux bords des ruisseaux ou dans les ravins humides. Les broussailles sont à peu près les mêmes sur les deux versants, et dans de larges espaces les *Helianthemum halimifolium*, *Calycotome villosa*, *Cytisus triflorus* (assez rare en Tunisie), *Cratægus oxyacantha* var. *pubescens*, le Myrte (*Myrtus communis*), *Erica scoparia*, *E. arborea*, *Phillyrea media*, *Daphne Gnidium* les constituent presque exclusivement.

L'Arbousier (*Arbutus Unedo*) est également assez abondant, et quelques sujets atteignent 4 à 5 mètres de hauteur. La Vigne (*Vitis vinifera*) et le Lierre (*Hedera Helix*) se rencontrent surtout dans les parties les plus fraîches de la forêt. Le Cerisier (*Cerasus avium*), qui en Algérie appar-

(1) Ce nom consacrera le souvenir des services rendus par M. le capitaine du génie Nizey, qui a pris une large part aux importants travaux exécutés dans le pays, et qui a capté dans deux bassins empierrés les eaux de la source qui se perdaient dans un marécage.

tient à la Région Montagneuse moyenne et supérieure, n'est représenté que par quelques individus sur les bords du ravin creusé par les eaux de la fontaine Nizey. Dans les clairières des broussailles, les *Larandula Stœchas, Cistus salvifolius, Eryngium tricuspidatum* et *E. Borei*, forment généralement le fond de la végétation ; on y rencontre aussi, mais représentés seulement par des sujets rares ou espacés, les *Genista aspalathoides, G. tricuspidata, G. ulicina* (qui n'avait encore été observé que dans la province de Constantine). La riche végétation des environs des sources et des marécages auxquels elles donnent naissance offre la réunion des espèces du pays les plus intéressantes au point de vue de la géographie botanique ; on y trouve associées nombre de plantes qui en Algérie sont caractéristiques de la Région Montagneuse, même supérieure, et d'autres qui n'y existent que dans les plaines marécageuses des environs de Bône et de La Calle. La coexistence, à cette faible altitude (l'altitude du Camp-de-la-santé n'est que d'environ 635 mètr.), de plantes qui, en Algérie, sont propres à la Région Montagneuse, et d'un certain nombre d'autres qui n'existent que dans les plaines marécageuses de la Région Méditerranéenne de la province de Constantine, s'explique par les évaporations maritimes qui, dans le massif montagneux de la Kroumirie, soit sous la forme de brouillards, soit sous celle de pluies ou de neige, maintiennent une fraîcheur qui détermine la formation de sources assez abondantes, même sur les points élevés. Dans la forêt et dans les parties fraîches des broussailles, la grande Fougère de nos forêts de France (*Pteris aquilina*) est une des espèces les plus abondantes. Les Asphodèles (*Asphodelus microcarpus* et *A. cerasiferus* ?) forment de volumineuses touffes dans l'humus profond ombragé par les Chênes-Liège aux environs du campement. Parmi les nombreuses espèces que nous avons observées dans cette partie de la forêt nous ne citerons que celles qui sont nouvelles pour la flore ou caractéristiques de la végétation des bois du massif montagneux de la Kroumirie :

Delphinium pentagynum.	Centaurea tagana.
Lepidium glastifolium.	Helminthia Duriæi.
Silene disticha.	Anarrhinum pedatum.
— hispida	Clinopodium vulgare *var*.
Geranium bohemicum.	Stachys arvensis.
Trifolium Bocconi.	Teucrium Scorodonia.
Medicago Soleirolii.	Limodorum abortivum (très rare et nouveau pour la flore).
Ervum nigricans.	
Agrimonia Eupatoria.	Luzula Forsteri.
Poterium Duriæi.	Agrostis alba *var*. Fontanesii.
Elæoselinum meoides.	Aira capillaris.
Margotia laserpitioides.	Holcus lanatus.
Galium ellipticum.	Trisetum parviflorum.
Plagius virgatus.	Festuca sicula.
Achillea ligustica.	Brachypodium silvaticum, etc.
Galactites mutabilis.	

Dans les lieux herbeux humides, près de la source ferrugineuse et dans le petit marécage où elle déverse ses eaux, se trouvent réunies un assez grand nombre d'espèces dont la plupart n'ont été vues en Algérie que dans les plaines marécageuses de la province de Constantine. Les plus intéressantes sont le *Scirpus pubescens*, qui en Algérie n'est connu qu'aux environs de La Calle et dont les autres localités sont le Portugal et la Corse, et l'*Hypericum afrum*, espèce algérienne qui n'existe que dans les marécages des plaines et de la région montagneuse inférieure de la province de Constantine. Parmi les autres espèces que nous avons observées à cette même localité, nous mentionnerons seulement les plantes suivantes, dont la plupart n'existent aussi en Algérie que dans les parties marécageuses de la province de Constantine :

Radiola linoides.	Juncus foliosus.
Lotus parviflorus.	Carex remota.
Galium palustre.	— punctata.
Bellis annua *var.* radicans.	Heleocharis palustris.
Laurentia Michelii.	Danthonia decumbens.
Microcala filiformis.	Briza minor.
Simethis bicolor.	Glyceria fluitans *var.* plicata
Juncus effusus,	Athyrium Filix-fœmina.
— glaucus.	Osmunda regalis, etc.
— supinus.	

Les broussailles que nous avons traversées par un étroit sentier pour gagner la fontaine Nizey nous ont offert, indépendamment de la plupart des espèces qui existent dans la forêt même, un *Silene* (*Silene scabrida* Soy.-Willm. et Godr. ex parte) qui croît avec les *Galium tunetanum*, *G. glomeratum*, *Pulicaria odora*, *Carduncellus multifidus*, *Centaurea tayana*, *C. Schouwii*, *Serratula mucronata*, *Tolpis umbellata*, *T. altissima*, *Anarrhinum pedatum*, *Brunella vulgaris*, *B. vulgaris* var. *alba*, qui sont très répandus et parmi lesquels sont disséminés les *Nepeta acerosa*, *Festuca cærulescens* et *Monerma cylindrica*. Au voisinage de la route d'Aïn-Draham, au-dessus de la fontaine Nizey et au milieu des broussailles, un *Centaurea* voisin du *C. nicæensis* All., probablement nouveau pour la science (*C. kroumirensis*), est d'une extrême abondance. Près de la fontaine, les *Mœhringia trinervia*, *Sedum Cepœa*, *Umbilicus horizontalis*, *Asplenium Adiantum-nigrum* var. *Virgilii*, *A. Trichomanes*, *Grammitis leptophylla*, ne sont pas moins communs que dans la forêt de l'Edough près Bône, et sont groupés de la manière la plus élégante au pied des troncs de magnifiques *Quercus Mirbeckii*, couverts de Mousses, de *Selaginella denticulata* et de *Polypodium vulgare*. Une pente fraîche nous offre les : *Ranunculus spicatus*, *Ficaria calthæfolia*, *Lampsana virgata*, *Cyclamen africanum*, *Aceras intacta*, *Allium triquetrum*, *Luzula Forsteri*, *Carex olbiensis*. Les terrains marécageux qui entourent la fontaine, où nous avons fait une longue halte, sont presque couverts par les *Juncus foliosus* et *Scirpus Savii*, qui y forment un véritable gazon. Les *Juncus effusus, J. effusus* var. *conglomeratus, J. glaucus, J. silvaticus* var. *anceps, Athyrium Filix-fœmina, Osmunda regalis*, y sont les plantes dominantes, et nous y rencontrons la plupart des autres plantes déjà notées à la source ferrugineuse. Nous n'avons guère à ajouter à la liste que nous en avons dressée que les *Trifolium strictum, Circæa lutetiana* et *Œnanthe anomala*.

Le 1ᵉʳ juillet, vers midi, nous quittons le Camp-de-la-santé pour gagner rapidement Aïn-Draham, en suivant tantôt la route carrossable tracée à travers les futaies de *Quercus Suber* et de *Q. Mirbeckii*, tantôt en prenant les raccourcis de l'ancien chemin muletier indigène rendu praticable par les travaux exécutés lors de la soumission récente du pays. Dans ce trajet, nous revoyons la plupart des plantes observées à Fedj El-Saha, et, dans une petite vallée herbeuse humide, sur les bords de la route, les *Eryngium Barrelieri, Senecio delphinifolius* et le *Linaria aparinoides* (variété à fleurs pourpres) sont d'une extrême abondance. A chaque pas, pour ainsi dire, des sites d'un pittoresque grandiose rappellent ceux des plus belles forêts de la France; par des éclaircies la vue embrasse une immense étendue de la magnifique forêt qui couvre les versants du relief montagneux dont le Djebel Bir est le point culminant. A environ 2 kilomètres d'Aïn-Draham, près d'un abreuvoir établi au bord de la route, dans un marécage traversé par les eaux abondantes d'un ruisseau, avec les *Juncus foliosus, Bellis annua* var. *radicans, Glyceria fluitans* var. *plicata*, et la plupart des plantes déjà observées dans les stations analogues du Camp-de-la-santé, nous trouvons pour la première fois l'*Anagallis crassifolia*, qui, en Algérie, n'existe que dans les marais du littoral de la province de Constantine. Nous quittons bientôt la route carrossable d'Aïn-Draham et, par un sentier sinueux, nous descendons dans la vallée assez profonde entourée de reliefs montueux tous boisés, à l'exception de celui sur le versant occidental duquel sont établies les constructions légères du camp et du nouveau centre de population d'Aïn-Draham. Nous installons nos tentes au voisinage du lieu où se tient le marché, et à peine avons-nous mis pied à terre que nous avons la satisfaction de trouver, dans les pelouses rases du champ de manœuvres, le *Trifolium suffocatum* que nous n'avions encore vu qu'à Kelibia, dans la presqu'île du Cap Bon.

2 juillet. — Nous consacrons toute la matinée à l'exploration botanique de la vallée où est établi notre campement (altit. envir. 650 mètr.). Cette station est très favorable pour notre première herborisation dans une des parties les moins élevées de la Kroumirie centrale, car dans un espace restreint s'y trouvent réunis des broussailles, des lieux herbeux, des

ravins humides ou aquatiques et des pâturages ras. Les broussailles sont composées surtout des *Cistus salvifolius, C. monspeliensis, Rhamnus Alaternus, Calycotome villosa, Cytisus triflorus, Cratægus oxyacantha, Myrtus communis, Erica arborea, Daphne Gnidium,* etc.; on y rencontre çà et là le *Genista ferox* et le *Prunus insititia;* le *Pteris aquilina* y est très abondant. Dans les clairières, les espèces sont trop nombreuses pour qu'il soit possible d'en donner la liste, et nous nous bornerons à mentionner les :

Lepidium glastifolium.	Trifolium nigrescens.
Medicago Soleirolii.	— isthmocarpum.
— Echinus.	— tomentosum.
Trifolium Bocconi.	— fragiferum.
— striatum.	— procumbens.
— scabrum.	Corrigiola littoralis.
— pratense.	Bellis annua.
— glomeratum.	Achillea ligustica.
— strictum.	Juncus capitatus, etc.

Dans les ravins humides et au bord des ruisseaux croissent les : *Lychnis læta, Trifolium resupinatum, T. micranthum, Peplis Portula, Eryngium Barrelieri, OEnanthe silaifolia, Asperula lævigata, Cirsium giganteum,* etc... — Pour rendre visite au général Riu, commandant supérieur de la subdivision de la Kroumirie, dont l'habitation est construite au pied même du Djebel Bir, nous gravissons la pente en partie couverte de broussailles occupée par le camp et le nouveau centre de population, et nous notons dans ce rapide trajet les : *Lavatera Olbia* var. *hirsuta, Lathyrus latifolius* var. *angustifolius, Galium tunetanum, Cirsium giganteum, Centaurea tagana, C. kroumirensis, C. Schouwii, Serratula mucronata, Teucrium Scorodonia,* etc. Le général nous fait le plus aimable accueil et nous engage à déplacer notre campement pour l'établir en pleine forêt, dans une clairière ombragée de magnifiques Chênes-Liège, au lieu dit « le Camp-des-Kroumirs » (altit. env. 725 mètr.), au nord et près de son habitation, au voisinage de deux sources abondantes et de chemins muletiers établis par le génie militaire et qui nous permettront de rayonner en tous sens. Le reste de la journée est rempli par l'installation de notre campement dans ce site pittoresque si bien choisi comme centre de nos explorations. Une rapide reconnaissance dans les environs nous montre tout l'intérêt que nous offriront nos herborisations dans un pays qui, par sa flore à type européen, présente les plus grandes analogies avec le Camp-de-la-santé et forme un saisissant contraste avec la plupart des localités de la Tunisie que nous avions visitées. Ainsi les environs de notre campement et les marécages de la source voisine nous offrent les :

Androsæmum officinale.
Geranium bohemicum.
Ilex Aquifolium.
Sanicula europæa.
Hedera Helix.
Lonicera implexa.
Galium ellipticum.
— palustre.
Nardosmia fragrans.
Plagius virgatus.
Galactites mutabilis.
Cirsium giganteum.

Campanula alata.
Scrofularia tenuipes.
Laurus nobilis.
Alnus glutinosa.
Salix pedicellata.
Simethis bicolor.
Juncus foliosus.
Carex maxima.
Athyrium Filix-fœmina.
Osmunda regalis.
Equisetum Telmateia.

3 juillet. — Dès cinq heures du matin nous faisons seller nos mulets pour faire l'ascension du Djebel Bir, devant nous rendre à onze heures au déjeuner auquel le général a bien voulu nous convier, afin de nous mettre en relations avec les officiers qu'il a chargés de faciliter nos excursions. L'ascension de la pente rocailleuse et rocheuse du mamelon terminé par un plateau étroit (altit. 1020 mètr. Ét.-Maj.) qui est spécialement désigné sous le nom de Djebel Bir, est rendue facile par un sentier muletier récemment tracé, qui conduit jusqu'au plateau terminal ; les lacets décrits par ce sentier nous permettent de noter pas à pas les espèces de ce relief montagneux, et l'on en trouvera l'énumération dans notre catalogue général. — Au déjeuner, chez le général, nous avons le plaisir de voir la table ornée de deux magnifiques bouquets composés de la plupart des espèces, en pleine fleur, qui croissent aux environs du camp et dans les parties voisines de la forêt. — Vers deux heures seulement nous pouvons quitter notre campement pour faire une excursion dans la partie nord-ouest de la forêt jusqu'à l'entrecroisement des routes de Tabarque et de La Calle, et visiter une source située à environ 2 kilomètres à l'est d'Aïn Babouch. Les belles futaies de Chênes-Liège et de Chênes-Zen que nous traversons ne nous présentent guère que des espèces déjà observées aux environs de notre campement ; mais les bords du ravin arrosé par la source et les terrains humides qui entourent la source elle-même nous offrent la réunion des espèces les plus intéressantes de la flore, soit au point de vue de leur rareté, soit à celui de la géographie botanique :

Ranunculus hederaceus *var.* cœnosus.
— Philonotis *var.* intermedius.
Cardamine hirsuta.
Lychnis læta.
Androsæmum officinale.
Geranium bohemicum.
— lucidum.
Trifolium micranthum.
Isnardia palustris.
Circæa lutetiana.

Sedum Cepæa.
Sanicula europæa.
OEnanthe anomala.
Chærophyllum temulum.
Anthriscus silvestris.
Galium ellipticum.
— palustre.
Asperula lævigata.
Nardosmia fragrans.
Lampsana macrocarpa.

Laurentia Michelii.
Anagallis crassifolia.
Lamium flexuosum.
Urtica dioica.
Juncus foliosus.
Carex remota.

Carex maxima.
Agrostis pallida.
Athyrium Filix-fœmina.
Aspidium aculeatum *var.* angulare.
Osmunda regalis, etc.

A peine avons-nous relevé la liste des plantes des environs de la source, qu'on nous apprend que le général est venu au-devant de nous et nous attend pour nous reconduire à notre campement. Nous nous empressons de le rejoindre, mais non sans faire toutefois une rapide herborisation dans une dépression humide en partie cultivée en Maïs, située près des baraquements en planches établis à l'entrecroisement des deux routes ; nous y trouvons en abondance les :

Ranunculus macrophyllus.
Medicago orbicularis.
— Echinus.
Trifolium isthmocarpum.
Eryngium Barrelieri.

Œnanthe silaifolia.
Bellis annua.
Galactites mutabilis.
Campanula dichotoma.
Linaria græca, etc.

4 juillet. — Nous quittons de bonne heure le campement pour une excursion dans la partie de la forêt située à l'est, parallèlement à celle que nous avons parcourue la veille, et continuant le relief montagneux du Djebel Bir. Dans un ravin dont le ruisseau est alimenté par une source, au-dessous du campement, mais sans nous y arrêter, nous constatons la présence du *Veronica montana*, qui est assez abondant dans le lit même du ruisseau. — L'étroit sentier que nous suivons à travers la forêt, où sur de nombreux points de jeunes Chênes-Liège forment des massifs serrés, nous amène, après un trajet de 4 à 5 kilomètres, à un plateau herbeux où paissent quelques troupeaux. Là, près d'une rampe de rochers, une source assez abondante donne naissance dans une dépression du sol à un marécage où le *Sphagnum subsecundum* forme des îlots assez étendus, et dans lequel, avec la plupart des espèces déjà notées à la source avant Aïn Babouch, nous recueillons les *Radiola linoides, Peplis Portula, Anagallis crassifolia*, ainsi que les *Juncus Tenageia* et *Potamogeton polygonifolius* nouveaux pour la flore. Sur les bords du marécage, l'*Isoetes Hystrix*, que M. Letourneux y constate le premier, forme par places de véritables pelouses. Le temps que nous avons consacré à l'exploration attentive du marécage et des pâturages qui l'environnent ne nous permet pas de poursuivre plus loin notre course vers le nord et d'arriver jusqu'à Aïn Cherchara, que nous nous étions proposé d'atteindre. Par un sentier à peine tracé à travers la forêt et par une pente rapide, nous descendons dans la vallée de l'Oued El-Kebir (Oued Tessala des cartes), où la présence de quelques champs cultivés nous

promet de nouvelles espèces. Dans notre descente difficile, un ravin humide, ombragé de *Salix pedicellata,* nous offre en abondance le *Campanula alata,* et nous y découvrons le *Cerastium atlanticum,* qui n'avait encore été vu qu'en Algérie et qui est nouveau pour la flore. Un court trajet dans la vallée étroite de l'Oued El-Kebir, trajet que la chaleur excessive rend très pénible, nous amène au pied de rochers élevés, couverts de Vignes sauvages, de Lentisques, de Lierre et de *Rhamnus Alaternus,* à la base desquels nous sommes heureux de trouver une source fraîche et abondante (Aïn Ahmra). Avant de dresser la liste des espèces qui croissent à cette charmante localité, où nous observons à la fois, dans un espace restreint, les plantes des marécages et celles des cultures, nous prenons quelques instants de repos à l'ombre de Figuiers, près d'un massif d'*Opuntia,* et dans le voisinage des gourbis d'une fraction de tribu kroumire. Des Lauriers-Rose, des Aunes, des Saules (*Salix pedicellata*), croissent sur les bords du ruisseau alimenté par la source ; sur les rives de l'Oued, dans lequel se jette le ruisseau, l'*Equisetum Telmateia* est d'une extrême abondance, et l'on y rencontre par sujets isolés l'*Œnanthe silaifolia.* Dans les terrains cultivés ou laissés en friche, le *Centaurea kroumirensis* est associé au *C. Schouwii* et au *Notobasis syriaca.* La liste que nous dressons ayant surtout de l'intérêt au point de vue du nombre des espèces observées, nous ne pouvons que renvoyer à la liste des plantes de la Kroumirie centrale, dans laquelle elles sont toutes consignées. D'Aïn Ahmra jusqu'à la base du relief montagneux que nous devons remonter pour revenir à notre campement, nous suivons la vallée étroite où des Peupliers (*Populus alba* et *nigra*), des Ormes (*Ulmus campestris*), des *Tamarix,* sont les espèces arborescentes principales ; des Azeroliers (*Cratœgus Aronia*), dont un sujet atteint 1ᵐ,87 de tour, sont espacés vers la partie inférieure du relief, où nous n'arrivons qu'à la tombée de la nuit, et que nous gravissons aussi vite que le permettent la raideur de la pente et les difficultés d'un trajet par un sentier à peine tracé à travers les broussailles. Nous sommes heureux, pour ne pas nous écarter de la direction que nous devons suivre, de pouvoir nous guider sur les lumières des quelques réverbères au pétrole qui éclairent Aïn-Draham. Cette course est la dernière que la Mission, encore au complet, ait faite dans le massif central de la Kroumirie, car le lendemain matin M. Doùmet-Adanson doit nous quitter et nous devons accompagner à Tabarque MM. Letourneux et Reboud qui de là regagneront l'Algérie.

Les herborisations que nous avons faites en commun aux environs d'Aïn-Draham ont compris : la vallée au-dessous et à l'ouest du camp, une partie de la pente sur laquelle est établi le camp et le nouveau centre de population d'Aïn-Draham, la partie rocailleuse et rocheuse de la montagne au-dessus d'Aïn-Draham (Djebel Bir), la partie de la forêt du relief montagneux qui continue le Djebel Bir sur le côté droit de l'Oued El-Kebir, la forêt jusqu'au confluent des routes de La Calle et de Tabarque vers Aïn Babouch. Pour compléter les notions sur l'ensemble du pays dans une étendue d'environ 5 kilomètres du nord au sud, et de 3 ou 4 kilomètres de l'est à l'ouest, il nous reste à faire de nouvelles herborisations aux environs du camp et à dresser la liste déjà commencée des plantes de la pente déboisée où est établi Aïn-Draham, et à faire une excursion à environ 3 kilomètres au sud, à la source d'Aïn Draham, dite *Fontaine du 18*. Le soin de réaliser cette partie du programme est laissé à MM. Cosson, Bonnet et Barratte, qui doivent revenir à Aïn-Draham, après les deux journées qu'ils doivent consacrer avec MM. Letourneux et Reboud à l'excursion de Tabarque.

5 juillet. — Dès quatre heures du matin nous sommes sur pied, un des membres de la mission, M. Doûmet-Adanson, devant se rendre à Souk-el-Arba pour y prendre le chemin de fer qui le ramènera à Tunis, et MM. Letourneux et Reboud ayant à faire leurs préparatifs de départ pour, de Tabarque, où nous devons faire ensemble une dernière herborisation, regagner l'Algérie. Seul notre malade (M. Clément Duval), dont l'état, malgré un traitement énergique, ne s'est que légèrement amélioré, doit rester au campement pendant les deux journées que nous consacrerons à l'excursion de Tabarque, dont la plage et l'ancien fort se dessinent dans le lointain à l'horizon. Nous prenons dans la forêt la direction que nous avions déjà suivie dans notre excursion vers Aïn Cherchara ; aussi, dans cette première partie du trajet, ne trouvons-nous que des espèces déjà constatées. Pour rejoindre l'ancienne route de Tabarque, dite du *Ravin des Ruines*, nous descendons par une pente rapide dans la vallée de l'Oued El-Kebir, où nous retrouvons à peu près la même végétation qu'aux environs de la fontaine d'Aïn Ahmra, que nous avions visitée la veille. Vers le point désigné sous le nom de Senguet-Hallouf, sur les bords de l'Oued, des Myrtes (*Myrtus communis*), des Lauriers-Rose (*Nerium Oleander*) en fleur, des *Tamarix*, des Oliviers (*Olea europœa*), des Ormes (*Ulmus campestris*), des Peupliers (*Populus alba* et *nigra*), des *Viburnum Tinus* arborescents, des Lauriers (*Laurus nobilis*), dont quelques-uns mesurent 1 mètre de tour, des Cerisiers (*Cerasus avium*), des *Phillyrea media*, forment des groupes pittoresques dans lesquels s'enlacent des Vignes sauvages, des Rosiers (*Rosa sempervirens*), des *Smilax* (*Smilax aspera* var. *mauritanica*). Le *Centaurea Schouwii* est abondant dans les clairières, où se rencontrent çà et là le *Melissa officinalis*. Dans la vallée qui, à peu de distance de Senguet-Hallouf, s'élargit et est couverte de moissons dont la récolte est en grande partie déjà faite, des Oliviers séculaires forment un magnifique massif. A peu près à mi-chemin d'Aïn-Draham à Tabarque, un de ces beaux Oliviers,

un sujet isolé, à l'ombre duquel nous nous arrêtons quelques instants, présente un tronc de 8^m,60 de tour, et sa tête n'atteint pas moins de 54 mètres de circonférence; des *Opuntia* en massif, des champs de Maïs, tiennent une large place dans les cultures de cette riche vallée. Sur les bords de l'Oued, de nombreux *Tamarix* sont de véritables arbres. Vers le coteau couvert de broussailles, sur la rive gauche de l'Oued que nous longeons pour atteindre Tabarque, le *Chamærops humilis* est assez abondant. Là, dans des dépressions au milieu de champs en friche, nous recueillons les *Lathyrus Ochrus, Eryngium Barrelieri, Heliotropium supinum, Euphorbia Chamæsyce*. Vers une heure nous atteignons la nouvelle Tabarque, dont la plupart des maisons sont à peine achevées ou encore en construction, et, en attendant que l'on prépare le déjeuner, dans un terrain sablonneux inculte, nous notons les : *Polycarpon alsinefolium, Tribulus terrestris, Panicum repens*, etc., qui y croissent avec le *Scabiosa urceolata*, extrèmement abondant sur ce point. Au voisinage des habitations, les *Hyoscyamus albus, Datura Stramonium, Anchusa italica, Chenopodium opulifolium*, forment le fond de la végétation rudérale. M. le commandant Pottier, commandant supérieur, a eu l'obligeante attention de venir au-devant de nous pour nous dire qu'il nous a fait préparer des chambres dans les casemates du nouveau fort, mais nous ne prenons pas le temps d'aller visiter le domicile mis à notre disposition, pressés que nous sommes d'aborder l'ilot rocheux de Tabarque, dont le sommet (altit. 100 mètr. Ét.-Maj.) est couronné par l'ancien fort Bordj Kedim, que, de notre campement d'Aïn-Draham, nous avions vu dans un horizon lointain et dont maintenant nous ne sommes plus séparés que par un bras de mer d'une centaine de mètres de largeur. Après avoir effectué, dans le canot du commandant du port, cette petite traversée, nous consacrons le reste de la journée à l'exploration de l'ilot que nous parcourons en tous sens, et où nous visitons en détail les ruines du vieux fort. Cette herborisation, faite à une saison trop avancée, n'ajoute à notre catalogue qu'une espèce nouvelle pour la flore, le *Lotus drepanocarpus* des côtes de l'est de l'Algérie, mais elle n'en offre pas moins un véritable intérêt, car l'ilot de Tabarque est le seul point qu'il nous ait été donné d'aborder en dehors du continent tunisien. Les plantes les plus intéressantes que nous ayons à y noter sont les *Medicago Echinus, Trifolium maritimum, T. nigrescens, T. resupinatum, Polycarpon peploides, Carduus pycnocephalus, Orobanche amethystea, O. minor, Plantago macrorrhiza* (très abondant sur les rochers de la partie nord de l'ilot), *Festuca rottbœllioides, Monerma cylindrica*, etc. Le *Trifolium suffocatum*, que nous avions déjà observé à Kelibia et à Aïn-Draham, est d'une extrème abondance entre les galets de l'empierrement du chemin qui conduit de la plage aux ruines de l'ancien fort. Sur les murs du fort, le *Capparis spinosa* forme des touffes volumineuses. Après nous être arrêtés quelques instants chez le commandant du port, qui habite d'anciennes constructions en face de Tabarque, et l'avoir remercié de l'obligeant empressement avec lequel il a mis son canot à notre disposition, nous regagnons la terre ferme et gravissons, à la nuit fermée, le coteau que couronne le nouveau fort. Les officiers nous y offrent la plus cordiale hospitalité, et, après un excellent dîner, nous avons la véritable jouissance de prendre pour la première fois, depuis bien longtemps, dans un vrai lit, un repos bien gagné.

6 juillet. — Nous avons terminé de bonne heure la préparation des quelques plantes recueillies la veille ; aussi MM. Letourneux, Bonnet, Barratte et moi, désireux de pouvoir consacrer tout le temps nécessaire à une reconnaissance dans les dunes qui s'étendent à l'est sur une vaste étendue, nous empressons-nous de monter à mulet pour une course dont nous espérons des résultats intéressants. Les terrains marécageux compris entre les dunes en partie couvertes de broussailles et les lagunes formées par les cours d'eau de la vallée qui confluent vers la mer, sans s'y déverser en raison de la barre de sable qui en intercepte le cours, nous paraissent mériter une exploration attentive ; aussi n'hésitons-nous pas, malgré l'insalubrité de cette localité, à nous porter à environ 2 kilomètres à l'est pour que nos recherches puissent embrasser une étendue suffisante. Les espèces qui constituent la plus grande partie des broussailles sont le Myrte (*Myrtus communis*) et le *Phillyrea media* ; sur les bords des marécages le *Vitex Agnus-castus* forme quelques groupes élégants au milieu de *Tamarix* et de touffes de *Genista ferox* presque arborescentes. Les seuls arbres qui s'élèvent çà et là dans les parties humides des broussailles sont des Frênes (*Fraxinus australis*) et des Ormes (*Ulmus campestris*). Le *Rubus fruticosus* var. *discolor*, le *Rosa sempervirens* et la Vigne sauvage, en s'enlaçant entre les branches des arbres et des buissons, forment souvent des lacis impénétrables. Le fond de la végétation des terrains marécageux se compose des : *Urginea Scilla, Juncus mariti- mus, J. acutus, Scirpus Holoschœnus, Pteris aquilina*, etc. ; le *Cirsium giganteum* y atteint plus de 2 mètres. Nous y observons, ainsi que sur les bords des lagunes, les :

Ranunculus macrophyllus.	Galium palustre.
— Philonotis *var.* intermedius.	Dipsacus silvestris.
Lychnis læta.	Bellis annua *var.* radicans.
Hypericum afrum.	Verbascum Blattaria.
Trifolium strictum.	Linaria Elatine.
— pratense.	— græca.
Lathyrus hirsutus (nouveau pour la flore).	Teucrium scordioides.
— Nissolia (nouveau pour la flore).	Osyris alba.
Epilobium hirsutum.	Euphorbia pubescens.
— tetragonum *var.* grandiflorum.	Iris fœtidissima.
Eryngium Barrelieri.	Urginea fugax (bulbes).

Phalangium Liliago.
Carex vulpina.

Carex punctata.
Corynephorus articulatus *var.* gracilis, etc.

Un *Euphorbia* (*E. algeriensis* Boiss.) atteint 2 mètres de hauteur au milieu des buissons, mais les échantillons que nous pouvons en recueillir sont malheureusement trop avancés, les fruits s'étant déjà détachés. Les sables des dunes maritimes sont en partie couverts de broussailles épaisses composées des *Helianthemum halimifolium*, *Pistacia Lentiscus*, *Retama Rœtam*, *Calycotome villosa*, *Myrtus communis*, *Daphne Gnidium*, *Quercus coccifera*, *Chamærops humilis*, etc., dans lesquelles s'enlace le *Clematis Flammula*; sur de vastes surfaces, au contraire, la mobilité du sable exclut les végétaux ligneux. Dans les clairières des broussailles et dans les sables meubles croissent les :

Silene nicæensis.
Ononis variegata.
Medicago lævis.
Eryngium maritimum.
Daucus crinitus.
Thapsia polygama (connu jusqu'ici seulement à Bône et à La Calle).
Crucianella maritima.
Scabiosa urceolata.
Diotis maritima.
Calendula suffruticosa.

Centaurea sphærocephala.
Helminthia asplenioides.
Andryala integrifolia *var.* nigricans.
Stachys arenaria.
Euphorbia Paralias.
— terracina.
— biumbellata.
Pancratium maritimum.
Cyperus schœnoides.
Festuca maritima, etc.

Pressés de revenir à Tabarque, d'où trois d'entre nous doivent regagner Aïn-Draham le même jour, nous avons le regret de ne pouvoir atteindre les pentes couvertes de broussailles verdoyantes qui, plus à l'est, se confondent avec les bois de la montagne occupée par les Mogod.

Près de Tabarque nous traversons, sur un pont de construction récente, l'Oued El-Kebir, et à quelques pas de l'Oued, dans une dépression bordée de Ricins (*Ricinus communis*), M. Letourneux a la bonne fortune de terminer l'herborisation, la dernière de notre voyage en commun, par la découverte d'une plante nouvelle pour la flore, le *Crypsis aculeata* Nous nous empressons de remonter au fort pour remercier le commandant supérieur de sa cordiale hospitalité, mais non sans noter toutefois les plantes rudérales qui couvrent le coteau et parmi lesquelles le *Lavatera cretica* est une des espèces les plus abondantes. Ce n'est pas sans tristesse que nous faisons nos adieux à mes vieux amis et compagnons de voyage, MM. Letourneux et Reboud, qui, par leur grande habitude des explorations botaniques, par leur zèle et leur ardeur parfois trop juvéniles, ont depuis plus de deux mois pris une large part aux recherches de la Mission. — Bien que pour le trajet de Tabarque à Aïn-Draham nous suivions directement la route en cours d'exécution tracée dans la forêt, et que nous ne fassions aucune halte botanique, à neuf heures du soir seulement nous arrivons à notre campement, où nous avons le chagrin de retrouver toujours dans le même état de faiblesse notre malade, dont nous avions dû momentanément nous éloigner.

7 juillet. — Craignant d'avoir à peine le temps, avant notre départ, fixé au 9, de mener à bonne fin la réalisation de notre programme, MM. Bonnet et Barratte se chargent de la préparation des récoltes, et de grand matin j'explore minutieusement les broussailles et les terrains vagues qui bordent le sentier tracé de notre campement à l'habitation du général, auquel je vais faire une visite d'adieu pour le remercier de la sollicitude qu'il a bien voulu nous témoigner et de l'intérêt qu'il a porté à nos recherches. Dans ce court trajet, je n'ai pas moins de 150 espèces à enregistrer, dont la plupart ont déjà été observées dans nos premières herborisations et parmi lesquelles je mentionnerai seulement les :

Saponaria Vaccaria.	Serratula mucronata.
Lathyrus inconspicuus.	Helminthia Duriæi.
— odoratus (subspontané).	Anagallis arvensis *var.* platyphylla.
Œnanthe anomala.	Phalaris cærulescens.
Centaurea kroumirensis.	Agrostis alba *var.* Fontanesii.
— Schouwii.	Monerma cylindrica, etc.

Vers trois heures, l'aumônier militaire d'Aïn-Draham, le père Patrice, vient nous trouver à notre campement pour nous guider dans la course que nous allons faire au sud d'Aïn-Draham, dans la forêt, jusqu'aux sources dites *Fontaine du 18ᵉ*. Nous n'avons à noter dans notre trajet jusqu'aux jardins établis par les soldats de la garnison, dans des terrains défrichés, en pleine forêt, aucune espèce nouvelle pour notre catalogue ; mais, au voisinage de ces jardins, dans l'humus profond du bois, nous trouvons l'*Achillea ligustica*, le *Rumex tuberosus* et quelques pieds de *Nepeta acerosa*. Vers les sources, à une altitude à peine supérieure à celle de notre campement, un Chêne-Liège à tronc bifurqué mesure 3ᵐ,40 de tour ; parmi les Chênes-Zen (*Quercus Mirbeckii*) qui forment, sur de nombreux points, l'essence principale de la forêt, plusieurs sont couverts de Lierre et dépassent 2ᵐ,50 de tour. Les eaux des deux sources principales, dont la température est seulement de 14 degrés, confluent dans un marécage assez vaste où l'*Osmunda regalis* est la plante dominante et dépasse souvent 1 mètre et demi. Entre les touffes de cette belle Fougère, si répandue dans les lieux humides de la Kroumirie, le *Sphagnum subsecundum* forme des îlots presque couverts d'*Anagallis crassifolia*; l'*Heleocharis multicaulis*, nouveau pour la Tunisie, et qui, en Algérie, n'est connu qu'aux environs de La Calle, forme un véritable gazon dans une grande partie du marécage. Nous y observons aussi la plupart des espèces que nous avons déjà trouvées dans des localités analogues de la partie nord de la forêt, telles que les :

Androsæmum officinale.
Hypericum afrum.
Bellis annua *var*. radicans.
Campanula alata.
Juncus silvaticus *var*. anceps.

Carex remota.
— maxima.
— punctata.
Danthonia decumbens.
Athyrium Filix-fœmina, etc.

Le long du ruisseau auquel donnent naissance les eaux à leur sortie du marécage sur le versant occidental du relief montagneux, des Aunes (*Alnus glutinosa*), des Saules (*Salix pedicellata*), forment de nombreuses touffes entre lesquelles croissent çà et là des Cerisiers (*Cerasus avium*) et des Lauriers (*Laurus nobilis*). Nous suivons pendant quelques centaines de pas le cours du ruisseau, et sur les bords du ravin nous trouvons les : *Viola silvestris, Mœhringia trinervia, Geranium bohemicum, Ononis hispida, Magydaris tomentosa, Aspidium aculeatum* var. *angulare*, etc., et nous avons la satisfaction d'y constater l'abondance du *Festuca Drymeia* var. *grandis*, une des plantes les plus rares de l'Algérie, où elle n'a été vue qu'au Djebel Edough et au Djebel Tababor. Après cette fructueuse herborisation, nous regagnons notre campement, où nous n'arrivons que quelques instants avant la nuit.

8 juillet. — Toute la matinée est consacrée à l'exploration attentive des environs du campement, et les notes que nous prenons viennent utilement compléter celles que nous avions déjà relevées sur la végétation de la forêt. — Dans l'après-midi, en descendant par un chemin muletier jusqu'à la source située au-dessous de notre campement, nous notons les dimensions des plus beaux Chênes-Zen (*Quercus Mirbeckii*) qui constituent la futaie ; la plupart offrent 10 à 15 mètres de bille et une circonférence variant de 2 mètres à 3^m,50 ; l'un d'eux mesure même jusqu'à 4^m,15 de tour. Un Lierre de 1^m,10 de circonférence s'enroule autour d'un de ces beaux arbres, et ses rameaux, en s'enlaçant avec ceux du Chêne, forment des masses feuillées de l'aspect le plus élégant. Les eaux de la source, but de notre petite excursion, sont assez abondantes ; leur température est de 17 degrés, et elles ont creusé un ravin assez profond à l'origine duquel une construction a été récemment établie pour en dériver une partie. Nous ne manquons pas de recueillir le *Veronica montana*, que nous avions déjà vu à cette station et qui croît dans le lit même du ruisseau. Une magnifique Mousse, le *Fissidens serrulatus* var. *africanus* recouvre la plupart des pierres que les eaux ont entraînées. Le *Ranunculus ophioglossifolius*, nouveau pour la Tunisie, est assez rare sur les bords du ruisseau. Dans l'humus profond du bois, où le *Brassica Rapa* est abondant, nous découvrons aussi le *Biscutella radicata*, qui, en Algérie, est assez répandu dans les montagnes de la province de Constantine ; nous y retrouvons aussi le *Lamium flexuosum* et l'*Aceras intacta*. Si nous faisions l'énumération de toutes les espèces que nous offre ce charmant ravin, nous

aurions à reproduire la liste des espèces qui croissent dans le marécage voisin de notre campement. Nous terminons cette journée, la dernière de notre séjour en Kroumirie, par une nouvelle herborisation sur la pente où est établi Aïn-Draham, de l'habitation du général à la vallée. Nos recherches sur ce point, bien qu'elles n'ajoutent aucune espèce nouvelle à celles que nous avons déjà trouvées, nous ont fourni d'utiles indications consignées dans la liste générale des plantes que nous avons observées dans la partie centrale du massif montagneux de la Kroumirie.

Cette liste, malgré ses lacunes (1), suffit pour donner une idée exacte des éléments qui constituent la flore du massif central de la Kroumirie, et pour démontrer l'extrême analogie de cette flore avec celle du Djebel Edough près Bône, qui offre la même altitude (1004 mètres [Ét.-Maj.], l'altitude du Djebel Bir, point culminant de la Kroumirie centrale, est de 1020 mètres [Ét.-Maj.]) et sur lequel se produisent également des condensations pluviales provenant des évaporations de la Méditerranée. La persistance de la neige, souvent pendant plusieurs semaines dans les mois d'hiver, la fréquence des brumes et des pluies, déterminent dans la Kroumirie la formation de sources, même à des altitudes déjà assez fortes, et, comme je crois devoir le répéter, y amènent l'association d'un certain nombre d'espèces propres, en Algérie, à la Région Montagneuse inférieure et moyenne, avec de nombreuses espèces européennes et plusieurs plantes essentiellement palustres qui, en Algérie, sont confinées dans les plaines humides et les marais entre La Calle et Bône. En Kroumirie, comme dans les parties les plus fraîches des massifs montueux ou montagneux peu élevés de l'Algérie, telles que le Djebel Edough et les Gorges de la Chiffa, l'humidité, compensant l'altitude, permet la présence de plantes qui, dans les montagnes plus hautes, mais plus sèches, ne trouvent leurs conditions d'existence que sur les sommets où les vapeurs atmosphériques tendent à se condenser.

(1) M. le Dr Robert, médecin militaire attaché à l'hôpital d'Aïn-Draham, en 1884 et en 1885, a exploré avec soin le pays, et ses herborisations, faites en toutes saisons, lui ont fourni un certain nombre d'espèces que nous n'avions pas rencontrées. Les découvertes faites en Kroumirie par ce zélé botaniste, qui nous a libéralement communiqué toutes ses récoltes, seront l'objet d'un supplément à notre liste, dans laquelle manquent surtout les plantes du printemps et de l'automne.

LISTE

DES PLANTES

OBSERVÉES DANS LA KROUMIRIE CENTRALE (1)

Renonculacées.

Clematis Flammula L. — Drah., Drah.
vill., Drah. vall., Fern.
— cirrhosa L. — Ahmra, Fern.
* Ranunculus hederaceus L. *var.* cœnosus. — Bab.
— spicatus Desf. — Saha.
— palustris L. *var.* macrophyllus. —
Drah., Drah. vill., Fern.
— — *var.* procerus. — Drah. camp.,
Saha mar.
— Philonotis Retz *var.* intermedius. —
Bab., Drah. mar.
— — *var.* trilobus (R. trilobus Desf.).
— Drah. camp., Drah. vill.
— arvensis L. — Ahmra.
— muricatus L. — Drah. vall.
** — ophioglossifolius Vill. — Drah. camp.
mar.

* Ficaria ranunculoides Mœnch *var.* calthæfolia. — Saha.
* Nigella hispanica L. *var.* intermedia.
— Saha.
— damascena L. — Ahmra.
Delphinium peregrinum L. *var.* halte-
ratum. — Fern.
— pentagynum Desf. — Drah., Drah.
vill., Saha, Fern.

Papavéracées.

Papaver Rhœas L. — Drah. vill., Fern.
Glaucium corniculatum Curt. — Drah.
camp., Fern.

Fumariacées.

Fumaria capreolata L. — Drah., Drah,
vall., Drah. vill., Saha.
— officinalis L. — Fern.

(1) Dans cette liste nous avons fait précéder du signe * le nom des plantes nouvelles
pour la Tunisie, et du signe ** le nom de celles qui, nouvelles pour la Tunisie, n'y ont
encore été observées que dans la Kroumirie.

Pour plus de brièveté nous avons indiqué les localités par les abréviations suivantes :
Ahmra, Aïn Ahmra, source dans la vallée au nord d'Aïn-Draham ; — *Bab.,* Babouch,
source, marécage et ravin aquatique à environ 2 kilomètres avant Aïn Babouch, sur la
route d'Aïn-Draham à la Calle, au nord-ouest d'Aïn-Draham ; — *Bir,* Djebel Bir,
sommet rocailleux et rocheux au-dessus d'Aïn-Draham, partie culminante du massif
central de la Kroumirie ; — *Drah.,* forêt d'Aïn-Draham ; — *Drah. camp.,* lieu de
notre campement, dit « le Camp des Kroumirs », dans la forêt d'Aïn-Draham, près et au
nord de l'habitation du général ; — *Drah. camp. mar.,* bords des sources et des ruisseaux, marécages, ravins aquatiques dans la forêt d'Aïn-Draham, au voisinage immé-

Crucifères.

Nasturtium officinale R. Br. — Drah.
    mar., Drah. vall., Saha mar.
* Cardamine hirsuta L. — Bab.
Capsella Bursa-pastoris Mœnch. — Bab.,
    Drah. camp.
Biscutella Apula L. — Drah. vall., Bir,
    Saha.
** — radicata Coss. et DR. — Drah. camp.
Sisymbrium officinale Scop. — Drah.,
    Drah. vill., Drah. vall., Saha, Fern.
* Lepidium glastifolium Desf. — Drah.,
    Drah. vall., Drah. vill., Drah. font.
Brassica Rapa L. — Bab., Drah. camp.
Sinapis geniculata Desf. — Fern.
— arvensis L. — Drah. vill., Fern.
— alba L. — Drah. vill.
Eruca sativa Lmk var. stenocarpa. —
    Drah. vill., Saha.
Raphanus Raphanistrum L. — Drah.
    vill., Fern.
* — Landra Moretti. — Drah. camp.,
    Drah. vill.
Rapistrum orientale DC. — Ahmra,
    Drah. vill., Saha.
— Linnæanum Boiss. et Reut. — Ahmra,
    Drah. vall., Drah. vill., Fern.

Cistinées.

Cistus salvifolius L. — Drah., Drah.
    vall., Drah. vill., Bir, Saha, Fern.

Cistus monspeliensis L. — Drah. vall.,
    Drah. vill.
Helianthemum halimifolium Willd. —
    Ahmra, Saha, Fern.
— Tuberaria Mill. — Drah. vill., Bir,
    Saha, Fern.
— guttatum Mill. — Drah. vill., Bir,
    Saha.
* — guttatum Mill. var. macrosepalum
    (H. macrosepalum Dun.). — Drah.,
    Drah. vall., Drah. vill., Bir., Saha.
Fumana viscida Spach. — Bir, Saha.

Violariées.

** Viola silvestris Lmk. — Drah.

Résédacées.

Reseda alba L. — Fern.
— Luteola L. — Fern.

Polygalées.

Polygala vulgaris L. — Bir.

Caryophyllées.

* Dianthus prolifer L. — Fern.
Saponaria Vaccaria L. — Drah. vill.
Silene inflata Sm. — Drah. vall., Bir.
— hispida Desf. — Drah. camp., Saha,
    Fern.

diat de notre campement, près et au nord de l'habitation du général ; — *Drah. mar.*, bords des sources et des ruisseaux, marécages, ravins aquatiques dans la forêt d'Aïn-Draham, au nord d'Aïn-Draham ; — *Drah. font.*, sources d'Aïn-Draham dites « Fontaine du 18ᵉ », situées au sud d'Aïn-Draham, dont les eaux abondantes, à 14 degrés, donnent naissance à un marécage assez vaste et à un ruisseau qui alimente un abreuvoir construit près d'Aïn-Draham sur la route de Fernana ; le nom du centre de population d'Aïn-Draham a été emprunté à celui de ces sources, les principales de la forêt ; — *Drah. vall.*, vallée entourée de reliefs montueux boisés, au pied et à l'ouest du relief montagneux sur la pente duquel est construit Aïn-Draham, et dans laquelle se tient le marché ; — *Drah. vill.*, Aïn-Draham, chef-lieu du cercle de la Kroumirie, baraquements du camp français et constructions d'un centre de population en voie de formation établis sur le versant occidental de la montagne dont le Djebel Bir est la partie culminante ; — *Drah. nord*, partie de la forêt au nord d'Aïn-Draham ; — *Fern.*, Fernana et trajet de Fernana à Fedj El-Saha ; — *Ferr.*, source ferrugineuse sur le versant sud du relief montagneux de Fedj El-Saha, près des baraquements militaires ; — *Mar.*, sources, bords des ruisseaux, ravins aquatiques, marécages ou lieux humides ; — *Niz.*, fontaine Nizey, source située sur le versant nord de la forêt de Fedj El-Saha, près de la route de Fernana à Aïn-Draham, dont les eaux ont été captées dans deux bassins et se déversent dans un marécage et dans un ravin ; sous cette désignation sont comprises la source et la partie voisine de la forêt ; — *Saha*, forêt de Fedj El-Saha (Camp-de-la-Santé) ; — *Vall. N.*, vallée au nord d'Aïn-Draham, s'étendant entre Aïn-Draham et Tabarque.

Silene gallica L. — Bir, Saha.
— — *var.* quinquevulnera (S. quinquevulnera L.). — Drah., Drah.
   vall., Drah. vill., Bir.
* — disticha Willd. — Drah. vall., Saha.
— bipartita Desf. — Saha.
** — scabrida Soy.-Willm. et Godr. ex
   part. — Saha.
Lychnis macrocarpa Boiss. — Drah.,
   Drah. vall., Drah. vill.
— læta Ait. — Mar. : Drah., Drah. vall.,
   Saha.
— Cœli-rosa Desrouss. — Drah., Drah.
   vill., Saha, Fern.
— — *var.* aspera. — Drah. vall., Saha.
— Githago Lmk. — Saha.
* Sagina apetala L. — Drah camp.
Mœhringia trinervia Clairv. — Drah.,
   Saha.
Spergula arvensis L. — Drah. vall.
Stellaria media Vill. — Drah., Drah.
   vill.
— — *var.* major. — Drah. camp.
Spergularia rubra Pers. — Fern.
** Cerastium atlanticum DR. — Drah. près
   d'Aïn Ahmra.
— glomeratum Thuill. — Drah., Drah.
   vill., Saha.
** — triviale Link. — Drah. vill. (spon-
   tané ?).

Linées.

Linum gallicum L. — Drah., Drah. vall.,
   Bir, Saha, Fern.
— strictum L. — Fern.
— Munbyanum Boiss. et Reut. var.? —
   Drah. vill., Bir, Saha, Fern.
— angustifolium Huds. — Drah. vall.,
   Drah. vill., Saha, Fern.
* Radiola linoides Gmel. — Mar. : Drah.
   nord, Saha.

Malvacées.

Malope malachoides L. — Drah. vill.,
   Fern.
Malva parviflora L. — Fern.
Lavatera trimestris L. — Fern.
— Olbia L. *var.* hispida (L. hispida
   Desf.). — Drah., Drah. vall., Drah.
   vill., Saha, Fern.

Hypéricinées.

Androsæmum officinale All. — Mar. :
   Drah.
** Hypericum australe Ten. (H. repens
   Desf.). — Drah., Drah. vall., Bir.
— crispum L. — Fern.

** Hypericum afrum Lmk. — Mar. : Drah.,
   Saha.
— perforatum L. — Drah. vall., Bir,
   Fern.
— tomentosum L. *var.* pubescens. —
   Fern.
— dentatum Lois. — Saha.

Ampélidées.

Vitis vinifera L. — Saha, Fern.

Géraniacées.

Geranium molle L. — Drah.
* — columbinum L. — Saha.
* — bohemicum L. (G. lanuginosum Desf.).
   — Drah. camp., Drah. font., Saha.
** — lucidum L. — Bab., Drah. camp.
— Robertianum L. — Drah., Drah. vall.,
   Fern.
Erodium moschatum Willd. — Drah.
   vall.

Rhamnées.

Rhamnus Alaternus L. — Drah. nord,
   Drah. vall.

Térébinthacées.

Pistacia Lentiscus L. — Ahmra.

Légumineuses.

Anagyris fœtida L. — Ahmra.
** Genista ulicina Spach. — Saha.
— tricuspidata Desf. — Ahmra, Drah.
   vill., Bir, Saha.
* — ferox Poir. — Ahmra, Drah. vall.
* — aspalathoides Lmk. — Saha.
* Calycotome villosa Link. — Drah., Drah.
   vall., Drah. vill., Bir, Fern.
* Cytisus triflorus L'Hérit. — Drah., Drah.
   vall., Drah. vill., Saha.
Ononis hispida Desf. — Bab., Drah. font.,
   Saha.
— alba Poir. — Drah. vill., Saha, Fern.
Anthyllis Vulneraria L. — Bir, Saha.
* Medicago Soleirolii Duby. — Drah. vall.,
   Drah. camp., Saha.
— orbicularis All. — Ahmra, Bab.,
   Drah. vill.
— denticulata Willd. — Drah., Drah.
   vall., Fern.
— sphærocarpa Bert. — Bab., Drah.
   vall., Drah. vill., Fern.
— ciliaris Willd. — Fern.
* — Echinus DC. — Drah., Drah. vill.

Melilotus (échantillon imparfait). — Ahmra.

Trifolium angustifolium L. — Drah., Drah. vill., Saha, Fern.

* — arvense L. — Drah. nord, Bir, Fern.

* — ligusticum Balb. — Drah.

— lappaceum L. — Fern.

* — Bocconi Savi. — Drah. nord, Drah. vall., Saha, Fern.

** — striatum L. — Drah. camp., Drah. vall,, Saha.

— scabrum L. — Drah. vill., Drah. vall.

— pratense L. — Drah., Drah. vall., Drah. vill., Bir, Saha, Fern.

— stellatum L. — Saha.

* — suffocatum L. — Drah. vall.

* — glomeratum L.— Drah., Drah. vall., Drah. vill., Bir, Saha, Fern.

* — strictum L. — Drah., Drah. vill., Bir, Saha.

* — repens L. — Mar. : Drah., Saha.

* — nigrescens Viv. — Drah., Drah. vall., Drah. vill.

— isthmocarpum Brot. — Drah., Drah. vall., Drah. vill., Fern.

* — subterraneum L. — Drah. vall.

* — resupinatum L. — Bab., Drah. vall., Drah. vill., Fern.

— fragiferum L. — Ahmra, Bab., Drah. vall.

— tomentosum L. — Drah. vill., Drah. vall.

— procumbens L. — Drah., Drah. vall., Drah. vill., Bir, Saha, Fern.

* — micranthum Viv. — Mar. : Drah., Drah. vall.

Lotus rectus L. — Mar. : Drah.

* — parviflorus Desf. — Mar. : Saha.

* — hispidus Desf. — Drah. nord, Drah. vall.

— edulis L. — Saha, Fern.

— ornithopodioides L. — Saha.

— major Scop. — Mar. : Drah.

Tetragonolobus biflorus Ser. — Saha.

Astragalus pentaglottis L. — Ahmra.

Scorpiurus sulcata L. — Drah. vall., Drah. vill., Drah. font.

— subvillosa L. — Saha.

Arthrolobium scorpioides DC. — Fern.

Hippocrepis unisiliquosa L. — Drah. vill.

Hedysarum coronarium L. — Ahmra, Drah. vill.

Vicia sativa L. — Drah. vall., Saha.

— nigricans M.-Bieb. — Saha.

** Lathyrus latifolius L. var. ensifolius. — Drah. nord, Drah. vill.

** Lathyrus inconspicuus L. — Drah. vill., Saha.

— odoratus L. — Drah. vill. (subspont.).

Rosacées.

Prunus Insititia L. — Drah. nord, Drah. vall.

** Cerasus avium Mœnch. — Drah., Saha.

Rubus fruticosus L. var. discolor. — Drah., Drah. vall., Drah. vill., Saha, Fern.

Potentilla reptans L. — Saha.

Agrimonia Eupatoria L. — Saha.

** Poterium Duriæi Spach. — Drah. vill., Saha.

* — Magnolii Spach. — Fern.

Rosa sempervirens L. — Drah., Fern.

Cratægus oxyacantha L. — Drah., Drah. vall., Drah. vill.

— — var. pubescens. — Saha.

— Aronia Bosc. — Drah. nord, Fern.

Onagrariées.

Epilobium tetragonum L. — Mar. : Saha.

** Isnardia palustris L. — Mar. : Bab.

** Circæa lutetiana L. — Mar. : Bab., Drah. camp., Saha.

Lythrariées.

** Peplis Portula L. — Drah. nord, Drah. vall.

Lythrum flexuosum Lag. — Drah., Drah. vill., Saha, Fern.

Tamariscinées.

Tamarix gallica L. — Ahmra.

Myrtacées.

Myrtus communis L. — Drah., Drah. vall., Drah. vill., Saha, Fern.

Paronychiées.

** Corrigiola littoralis L. — Drah., Drah. vall., Drah. vill., Saha, Fern.

Paronychia echinata Lmk. — Drah. camp., Drah. vall., Bir, Saha, Fern.

— argentea Lmk. — Drah. vall., Fern.

Crassulacées.

Umbilicus horizontalis DC. — Drah., Drah. vall., Bir.

** Sedum Cepæa L. — Drah., Saha.

— cæruleum Vahl. — Drah., Bir, Saha.

Cactées.

Opuntia Ficus-indica Haw. — Cult.
Ahmra.

Ombellifères.

** Sanicula europæa L. — Mar. : Bab.,
Drah. camp.
Eryngium triquetrum Vahl. — Fern.
** — Bovei Boiss. — Drah., Bir, Saha.
— tricuspidatum L. — Drah., Drah.
vall., Drah. vill., Bir, Fern.
— Barrelieri Boiss. — Bab., Drah. vall.,
entre Saha et Drah.
Apium graveolens L. — Ahmra, Fern.
Helosciadium nodiflorum Koch. — Mar. :
Drah., Saha, Fern.
Ptychotis verticillata Duby. — Fern.
Ammi majus L. — Ahmra, Drah. vall.,
Drah. vill., Saha, Fern.
Carum mauritanicum Boiss. et Reut. —
Drah., Drah. vall., Drah. vill.,
Bir, Saha.
Pimpinella lutea Desf. — Saha.
Bupleurum Odontites L. — Fern.
— protractum Link. — Fern.
Œnanthe anomala Coss. et DR. — Mar.:
Drah., Drah. vall., Drah. vill.,
Saha, Fern.
* — silaifolia M.-Bieb. — Bab., Drah. vill.
Kundmannia sicula DC. — Ahmra, Drah.
vill., Fern.
Ferula sulcata Desf. — Drah. vill.
Ridolfia segetum Moris. — Fern.
Krubera leptophylla Hoffm. — Fern.
* Thapsia villosa L. — Drah. vill., Bir.
Daucus muricatus L. — Ahmra.
— maximus Desf. — Drah., Drah. vall.,
Drah. vill., Saha, Fern.
* — setifolius Desf. — Saha.
— crinitus Desf. — Drah. vill., Bir.
** — laserpitioides DC. (Laserpitium dau-
coides Desf.). — Drah. vill., Drah.,
Bir, Fern.
** Margotia gummifera (Laserpitium gum-
miferum Desf.). — Saha.
Elæoselinum meoides Koch (Laserpi-
tium meoides Desf.). — Bir, Saha.
Torilis neglecta Rœm. et Schult. —
Ahmra, Saha, Fern.
* — helvetica Gmel. ? — Drah. vall.,
Drah. vill.
— nodosa Gærtn. — Ahmra, Drah. vill.,
Fern.
* Anthriscus silvestris Hoffm. — Bab.

** Chærophyllum temulum L. — Bab.,
Drah. camp.
Magydaris tomentosa Koch. — Drah.
font.
Smyrnium Olusatrum L. — Drah. vall.

Araliacées.

Hedera Helix L. — Drah., Saha, Fern.

Caprifoliacées.

Viburnum Tinus L. — Drah. nord.
Lonicera implexa Ait. — Drah. camp.
Drah. vill., Bir.

Rubiacées.

Sherardia arvensis L. — Drah., Drah.
vall., Drah. vill., Bir, Saha.
** Asperula lævigata L. — Bab., Drah.
camp., Drah. vall.
Rubia peregrina L. — Drah. vill., Saha.
** Galium palustre L. — Mar. : Drah.,
Drah. vall., Saha.
** — ellipticum Willd. — Drah., Drah.
vill., Saha.
— tunetanum Link. — Drah., Drah.
vill., Bir, Saha, Fern.
— viscosum Vahl (G. glomeratum Desf.).
— Drah., Saha, Fern.
— saccharatum All. — Drah. vall.
— tricorne With. — Drah. vill.

Valérianées.

Valerianella microcarpa Lois. — Saha.
— discoidea Lois. — Saha.
Fedia cornuta Spach. — Drah. camp.,
Fern.

Dipsacées.

* Dipsacus silvestris Mill. — Ahmra.
Scabiosa simplex Desf. — Drah. nord,
Saha, Fern.
— maritima L. — Drah., Drah. vall.,
Drah. vill., Saha, Fern.

Composées.

Nardosmia fragrans Rchb. (Cacalia al-
liariæfolia Poir.!). — Mar. : Bab.,
Drah. camp.
Bellis annua L. — Bab., Drah. camp.,
Drah. vall.
** — — var. radicans. — Mar. : Drah.,
Saha.

* Bellis silvestris Cyrill. — Bir, Saha.
Evax pygmæa Pers. — Fern.
— — *var.* asterisciflora (E. asterisci-
flora Pers.). — Drah., Drah. vall.,
Drah. vill., Bir., Saha.
** Inula graveolens Desf. — Ahmra.
— viscosa Ait. — Ahmra.
Pulicaria odora Rchb. — Drah., Drah.
vill., Bir, Fern.
Pallenis spinosa Cass. — Ahmra.
Anthemis pedunculata Desf. — Drah.
vill.
Anacyclus clavatus Pers. — Drah., Drah.
vall., Drah. vill., Fern.
Ormenis mixta DC. — Drah., Drah. vall.,
Saha, Fern.
** Achillea ligustica All. — Ahmra, Drah.
nord, Drah. vall., Bir, Drah. font.,
Saha.
Pyrethrum Myconis Mœnch. — Drah.,
Drah. vall., Drah. vill., Saha.
Chrysanthemum segetum L. — Bab.,
Fern.
Lonas inodora Gærtn. — Drah. camp.,
Saha, Fern.
Plagius grandiflorus L'Hérit. — Drah.
vill., Fern.
— virgatus DC. — Drah., Drah. vill.,
Saha.
** Filago germanica L. — Drah. camp.,
Saha.
— spathulata Presl. — Fern.
Logfia gallica Coss. et G. de St-P. —
Drah., Drah. vill., Bir, Saha, Fern.
Senecio delphinifolius Vahl. — Ahmra,
entre Drah. et Saha, Fern.
Calendula stellata Cav. (C. parviflora
Rafin.). — Saha.
Echinops spinosus L. — Ahmra, Drah.
vill.
Carlina lanata L. — Fern.
** — corymbosa L. ? — Bir.
** — racemosa L. — Drah. nord, Fern.
— gummifera Less. — Drah. vall.,
Drah. vill., Bir, Saha.
Microlonchus Duriæi Spach. — Fern.
** Centaurea tagana Brot. — Drah., Drah.
vill., Fern., Saha.
* — pullata L. — Fern.
** — kroumirensis Coss. sp. nov. — Drah.
nord, Drah. vill., Saha.
* — Schouwii DC. — Ahmra, Drah. vill.,
Saha, Fern.
— Calcitrapa L. — Vall. N., Drah.
vall.
— napifolia L. — Drah., Drah. vill.,
Saha, Fern.

Kentrophyllum lanatum DC. — Drah.
vall., Drah. vill., Fern.
Carduncellus multifidus Coss. et DR.
(Carthamus multifidus Desf.). —
Drah. vill., Bir, Saha, Fern.
— cæruleus DC. — Fern.
* Silybum Marianum Gærtn. — Bab., Drah.
vall., Drah. vill., Fern.
* Galactites mutabilis DR. — Drah., Drah.
vill., Saha.
— tomentosa Mœnch. — Drah. vall.,
Drah. vill.
Cynara Cardunculus L. — Ahmra, Fern.
Carduus macrocephalus Desf. — Drah.
vill.
* — pycnocephalus L. — Ahmra, Drah.
vall., Drah. vill., Fern.
— pteracanthus DR. — Fern.
Cirsium giganteum Spr. — Drah., Drah.
vall., Drah. vill., Saha, Fern.
* Notobasis syriaca Cass. — Ahmra.
Rhaponticum acaule DC. — Bir.
* Serratula mucronata Desf. — Drah. vill.,
Bir, Saha, Fern.
Scolymus grandiflorus Desf. — Ahmra,
Bab., Drah. vall., Drah. vill., Saha,
Fern.
** Lampsana macrocarpa Coss. — Bab.,
Drah. font.
** — virgata Desf. — Drah. vill., Bir,
Saha.
Hyoseris radiata L. — Drah., Drah. vall.,
Drah. vill., Bir, Saha.
Cichorium Intybus L. *var.* divaricatum.
— Ahmra, Drah. vall., Drah. vill.,
Fern.
* Tolpis umbellata Bert. — Saha.
— altissima Pers. — Drah. camp., Drah.
vall., Bir, Saha, Fern.
Hypochœris radicata L. *var.* neapolitana
(H. neapolitana DC.). — Drah. nord,
Drah. vall., Bir, Saha, Fern.
Seriola ætnensis L. — Drah. camp.,
Drah. vall., Drah. vill., Saha.
Urospermum Dalechampii Desf. — Bir,
Saha.
Scorzonera undulata Vahl. — Drah.
camp., Bir, Saha.
Helminthia echioides Gærtn. — Ahmra,
Drah. vill., Saha, Fern.
— aculeata DC. — Fern.
** — Duriæi Sch. Bip. — Drah. vill., Bir,
Saha.
Picridium vulgare Desf. — Drah. vall.,
Drah. vill., Bir, Saha.
Sonchus oleraceus L. — Bab., Drah.
vall., Drah. vill.

Sonchus asper Vill. — Drah. vill.
Andryala integrifolia L. — Drah., Drah.
vill., Bir, Saha.
— — *var.* tenuifolia L. (A. tenuifolia
DC.). — Drah. vall., Fern.

Lobéliacées.

Laurentia Michelii A. DC. — Mar. :
Drah., Saha.

Campanulacées.

Campanula dichotoma L. — Bab., Drah.
camp., Saha, Fern.
** — alata Desf. — Mar. : Drah., Drah.
vill.
— Rapunculus L. — Drah., Drah. vall.,
Drah. vill., Saha.
 * Specularia falcata A. DC. — Drah. font.,
Saha.

Éricacées.

Arbutus Unedo L. — Drah., Saha,
Fern.
Erica arborea L. — Drah., Drah. vall.,
Drah. vill., Bir, Saha, Fern.
 * — scoparia L. — Drah. nord, Saha.

Primulacées.

 * Cyclamen africanum Boiss. et Reut. —
Saha.
Anagallis arvensis L. — Drah., Drah.
vill., Saha, Fern.
— — *var.* platyphylla. — Drah. vill.
— linifolia L. — Drah. vill.
** — crassifolia Thore. — Mar. : Bab.,
Drah. nord, Drah. font.

Ilicinées.

** Ilex Aquifolium L. — Drah.

Oléacées.

Fraxinus australis J. Gay. — Fern.
Phillyrea latifolia L. — Saha.
— media L. — Vall. N., Saha.

Apocynées.

Nerium Oleander L. — Ahmra, Drah.,
Fern.

Gentianées.

** Microcala filiformis Hoffms. et Link. —
Mar.: Saha.

Erythræa ramosissima Pers. — Ahmra,
Drah. vill., Fern.
— Centaurium Pers. *var.* suffruticosa.
— Drah. vall., Drah. vill., Bir,
Saha, Fern.
 * — maritima Pers. — Drah. camp.
Chlora grandiflora Viv. — Drah., Drah.
vill., Saha.

Convolvulacées.

Convolvulus arvensis L. — Drah. vill.
— siculus L. — Fern.
 * Calystegia sepium R. Br. — Drah.,
Drah. vall., Saha.

Cuscutacées.

Cuscuta planiflora Ten. — Drah. vill.,
Bir.

Borraginées.

Heliotropium supinum L. — Fern.
— europæum L. — Fern.
Cerinthe aspera Roth. — Drah. nord,
Saha.
Echium plantagineum L. — Drah., Drah.
vall., Drah. vill., Fern.
— italicum L. — Fern.
Borrago officinalis L. — Fern.
Anchusa italica Retz. — Ahmra.
 * Myosotis hispida Schlecht. — Saha.
Cynoglossum pictum Ait. — Ahmra.

Solanées.

Solanum nigrum L. — Fern.

Scrofularinées.

** Verbascum Blattaria L. — Ahmra.
— sinuatum L. — Fern.
** Scrofularia tenuipes Coss. et DR. —
Mar. : Bab., Drah. camp.
— auriculata L. — Mar. : Drah. camp.
** Linaria spuria Willd. — Fern.
 * — Elatine Mill. — Drah. vall.
— græca Chav. — Ahmra, Drah. vall.,
Drah. vill.
— aparinoides Chav. — Drah., Drah.
vill., Bir, entre Drah. et Saha.
— reflexa Desf. — Drah. vill.
Anarrhinum pedatum Desf. — Saha,
Fern.
Antirrhinum Orontium L. *var.* grandi-
florum. — Drah. camp., Fern.

Veronica Anagallis L. — Ahmra, Fern.
** — montana L. — Mar. : Drah. camp.
** — arvensis L. — Bab., Drah. camp.,
Saha.
Eufragia viscosa Bth. — Mar. : Drah.,
Drah. vall., Fern.
Trixago apula Stev. — Drah., Drah.
vall., Bir, Saha, Fern.
* Odontites (non fleuri). — Drah. camp.,
Bir, Saha.

Orobanchacées.

** Orobanche Rapum Thuill. ? — Saha.
— condensata Moris. — Bir.

Acanthacées.

Acanthus mollis L. — Ahmra, Drah.
camp.

Verbénacées.

Verbena officinalis L. — Ahmra, Fern.

Labiées.

Lavandula Stœchas L. — Drah. vill.,
Saha, Fern.
Mentha rotundifolia L. — Mar. : Ahmra,
Bab., Drah. vall., Saha, Fern.
— Pulegium L. — Drah., Drah. vill.,
Saha, Fern.
Origanum hirtum Link. — Drah. vill.,
Fern.
Micromeria græca Bth. — Vallée au N.
d'Aïn-Draham.
Clinopodium vulgare L. var. plumosum.
— Drah., Drah. vill., Saha.
Melissa officinalis L. — Entre Senguet-
Hallouf et Aïn Ahmra.
Salvia Verbenaca L. — Fern.
** Nepeta accrosa Webb. — Drah. font.,
Saha.
Brunella vulgaris L. — Drah. camp.,
Saha, Fern.
— — var. alba. — Drah. vill., Bir,
Saha, Fern.
* Stachys arvensis L. — Saha.
— hirta L. — Drah. camp., Saha, Fern.
** Lamium flexuosum Ten. — Bab., Drah.
camp.
** Phlomis biloba Desf. — Fern.
** Teucrium Scorodonia L. — Drah., Drah.
vill., Saha.
* — resupinatum Desf. — Entre Saha et
Fern.

Globulariées.

Globularia Alypum L. — Saha.

Plantaginées.

Plantago Lagopus L. — Fern.
* — lanceolata L. — Bab., Drah. camp.,
Drah. vall., Drah. vill.
— serraria L. — Drah. camp., Drah.
vall., Drah. vill., Bir, Saha, Fern.
— Coronopus L. — Vallée au N. d'Aïn-
Draham, Drah. vall.
— Psyllium L. — Drah. vill.

Salsolacées.

Chenopodium Vulvaria L. — Drah. vill.,
Fern.
— album L. — Drah. vill., Fern.
— murale L. — Fern.

Polygonées.

Rumex conglomeratus Murr. — Mar. :
Drah., Saha, Fern.
— pulcher L. — Drah. camp., Drah.
vall., Drah. vill., Saha.
* — tuberosus L. — Drah. font., Bir.
— Bucephalophorus L. — Drah., Drah.
vall., Drah. vill., Bir, Saha, Fern.
Polygonum Convolvulus L. — Drah.
vill.
— Bellardi All. ? — Fern.

Laurinées.

* Laurus nobilis L. — Senguet-Hallouf,
Drah.

Thyméléacées.

Daphne Gnidium L. — Drah., Drah.
vall., Drah. vill., Saha.
Thymelæa Passerina Coss. et G. de St-P.
— Saha, Fern.

Euphorbiacées.

Euphorbia exigua L. — Fern.
— Peplus L. — Bab., Saha.
Mercurialis annua L. — Ahmra.
Crozophora tinctoria A. de Juss. — Fern.

Callitrichinées.

Callitriche.... — Mar. : Bab., Drah.
camp.

Urticées.

** Urtica dioica L. — Ahmra, Bab.
Theligonum Cynocrambe L. — Ahmra,
Drah., Saha.
Ficus Carica L. — Cult. Ahmra.

Ulmacées.

Ulmus campestris L. — Vallée au N.
d'Aïn-Draham.

Cupulifères.

* Quercus Mirbeckii DR. — Drah., Saha.
— Ilex L.? (buissons rabougris). —
Drah. vill.
— Suber L. — Drah., Saha, Fern.

Salicinées.

** Salix purpurea L. — Fern.
— pedicellata Desf. — Mar. : Drah.,
Saha.
Populus alba L. — Vallée au N. d'Aïn-
Draham.
** — nigra L. — Vallée au N. d'Aïn-Draham, Fern.

Bétulinées.

** Alnus glutinosa Gærtn. — Mar.: Drah.,
Saha.

Alismacées.

Alisma Plantago L. — Mar. : Ahmra,
Drah., Saha.

Liliacées.

Scilla peruviana L. — Drah., Drah.
vill., Saha.
Urginea Scilla Steinh. (Scilla maritima
L.). — Drah., Drah. vall., Drah.
vill., Saha, Fern.
Ornithogalum arabicum L. — Bir, Drah.
camp., Saha.
— umbellatum L. — Drah.
* Allium nigrum L. — Vallée au N. d'Aïn-
Draham.
* — triquetrum L. — Saha.
— roseum L. — Drah. vill., Saha.
— Ampeloprasum L. — Drah. vill.
— pallens L. — Drah., Drah. vill., Bir,
Saha, Fern.
Asphodelus microcarpus Viv. — Drah.,
Drah. vall., Fern.

** Asphodelus cerasiferus J. Gay? — Drah
Saha.
* Simethis bicolor Kth. — Drah., Bir,
Saha.

Asparaginées.

Asparagus acutifolius L. — Saha.
Ruscus Hypophyllum L. — Drah., Saha.

Smilacinées.

Smilax aspera L. var. mauritanica. —
Drah., Drah. vall., Saha.

Dioscorées.

Tamus communis L. — Drah., Saha,
Fern.

Iridées.

Trichonema Bulbocodium Ker. — Bir.

Orchidées.

* Serapias Lingua L.? — Mar. : Saha.
* Aceras intacta Rchb. f. — Drah. camp.,
Saha.
* Orchis patens Desf. — Bir.
** Limodorum abortivum L. — Saha ,

Potamées.

** Potamogeton polygonifolius Pourr. —
Mar. : Drah., source dans la partie N. E. de la forêt.

Aroïdées.

Arisarum vulgare Targ. — Saha.
* Arum italicum Mill. — Drah., Drah.
vall., Fern.

Typhacées.

Typha.... — Ahmra.

Joncées.

* Luzula Forsteri DC. — Drah., Bir, Saha.
* Juncus glaucus Ehrh. — Mar. : Ahmra,
Saha.
** — effusus L. — Drah., Drah. vall., Saha.
** — var. conglomeratus (J. conglomeratus L.). — Mar. : Saha.
— maritimus Lmk. — Fern.
— multiflorus Desf. — Ahmra, Drah.
partie N. de la forêt.

** Juncus supinus Mœnch. — Mar. : Drah.
partie N. de la forêt, Drah. font.,
Saha.
** — silvaticus Reich. *var.* anceps (J. anceps Laharpe). — Mar. : Drah.,
Drah. vall., Drah. vill., Saha.
— Fontanesii J. Gay. — Fern.
* — capitatus Weig. — Drah. vall.
** — Tenageia Ehrh. — Mar. : Drah. partie
N. de la forêt.
— bufonius L. — Mar. : Bab., Drah.
vall., Drah. vill., Saha, Fern.
** — foliosus Desf. — Mar. : Drah., Drah.
vall., Saha.

Cypéracées.

* Carex muricata L. *var.* divulsa. —
Ahmra, Drah., Drah. vall., Saha.
** — remota L. — Mar. : Drah., Saha.
** — olbiensis Jord. — Fontaine Nizey.
* — maxima Scop. — Mar. : Drah.
— glauca Scop. *var.* serrulata (C. ser-
rulata Biv.). — Bab., Bir, Saha.
* — distans L. — Fern.
— punctata Gaud. — Mar. : Drah.,
Saha.
Scirpus Savii Seb. et Maur. — Mar. :
Drah., Saha, Fern.
— Holoschœnus L. — Drah. vall., Fern.
** — pubescens Lmk. — Saha : marécage
de la source ferrugineuse.
Heleocharis palustris R. Br. — Mar. :
Saha.
** — multicaulis Dietr. — Mar. : Drah.
font.
Schœnus nigricans L. — Drah. vill.,
Saha.
Cyperus longus L. *var.* badius (C. badius
Desf.). — Ahmra, Bab., Drah. vall.,
Saha, Fern.

Graminées.

* Anthoxanthum odoratum L. — Drah.,
Drah. vill., Bir, Saha.
Phalaris brachystachys Link. — Drah.
vill.
— paradoxa L. — Drah. vill., Saha.
— truncata Guss. — Fern.
* — cœrulescens Desf. — Ahmra, Drah.
vill.
Andropogon hirtus L. — Vallée au N.
d'Aïn-Draham, Fern.
Lagurus ovatus L. — Ahmra.
* Agrostis alba L. *var.* coarctata. — Drah.
vill.

Agrostis alba L. *var.* Fontanesii. — Drah
vill., Saha.
— verticillata Vill. — Mar. : Drah., Saha,
Fern.
— pallida DC. — Drah., Drah. vall.,
Drah. vill., Fern.
** — canina L. ? — Mar. : Drah., Drah.
vall., Saha.
** Apera interrupta P.-B. — Saha.
Gastridium lendigerum Gaud. — Drah.
vill., Saha.
— muticum Guenth. — Drah., Drah.
vall., Fern.
Polypogon monspeliensis Desf. — Vallée
au N. d'Aïn-Draham, Fern.
Cynodon Dactylon Rich. — Bab., Drah.
vall., Drah. vill., Saha.
Aira caryophyllea L. — Drah., Drah. vall.,
Drah. vill., Bir, Fern.
— capillaris Host. — Drah., Drah. vill.,
Bir, Saha.
Holcus lanatus L. — Drah., Drah. vall.,
Drah. vill., Saha, Fern.
** Danthonia decumbens DC. — Drah. vill.,
Drah. font.; Saha : marécage de la
source ferrugineuse.
Gaudinia fragilis P.-B. — Drah., Drah.
vill., Saha, Fern.
Avena sterilis L. — Drah., Saha, Fern.
— barbata Brot. — Drah. vall., Drah.
vill., Saha.
* Trisetum flavescens P.-B. — Saha, Fern.
— paniceum Pers. — Fern.
— parviflorum Pers. — Saha.
Kœleria pubescens P.-B. — Fern.
Phragmites communis Trin. — Drah.
font.
Ampelodesmos tenax Link. — Drah.
vill., Bir, Saha.
Cynosurus cristatus L. *var.* polybractea-
tus. — Drah., Drah. vall., Drah.
vill., Saha, Fern.
— elegans Desf. — Drah., Saha.
— echinatus L. — Drah., Drah. vill.
Saha.
* Melica minuta L. *var.* latifolia. — Drah.
vill., Saha.
* Glyceria fluitans R. Br. *var.* plicata. —
Mar. : Drah., Saha, Fern.
Briza maxima L. — Drah., Drah. vall.,
Drah. vill., Bir, Saha, Fern.
— minor L. — Mar. : Drah., Drah. vall.,
Saha, Fern.
Poa annua L. — Drah., Drah. vill.
— trivialis L. — Mar. : Drah., Saha.
Dactylis glomerata L. — Drah. vill.,
Bir, Saha, Fern.

* Bromus sterilis L. ? — Drah., Saha.
— madritensis L. — Drah. vall., Drah. vill., Saha, Fern.
— rigidus Roth. — Saha.
— tectorum L. ? — Drah. vall., Drah. camp.
— mollis L. — Drah., Drah. vall., Drah. vill., Saha, Fern.
** — racemosus L. *var.* commutatus. — Drah., Drah. vill., Fern.
** Festuca drymeia Mert. et Koch *var.* grandis. — Drah. font.
* — cærulescens Desf. — Drah. camp., Drah. vill.
— arundinacea Schreb. — Drah. vill.
* — sicula Presl. — Drah. vall., Bir, Saha.
* — Myuros L. *var.* sciuroides. — Drah. vill., Saha.
* — geniculata Willd. — Drah. vill.
Brachypodium silvaticum Rœm. et Schult. — Drah., Saha.
* — pinnatum P.-B. — Drah. vill., Fern.
— distachyum Rœm. et Schult. — Drah. vill., Saha.
Lolium perenne L. — Drah. camp., Drah. vall., Drah. vill.
Hordeum murinum L. — Drah. camp., Bir.
— bulbosum L. — Fern.
Ægilops ovata L. *var.* triaristata. — Ahmra, Drah. vill., Fern.
Lepturus filiformis Trin. — Fern.
* Monerma cylindrica Coss. et DR. — Drah. vall., Drah. vill., Saha.

Fougères.

Polypodium vulgare L. — Drah., Saha.
* Gymnogramme leptophylla Desv. — Drah.
Adiantum Capillus-Veneris L. — Ahmra.
* Pteris aquilina L. — Drah., Drah. vall., Drah. vill., Bir, Saha, Fern.
Asplenium Trichomanes L. — Saha.
* — Adiantum-nigrum L. — Drah. font.
— — *var.* Virgilii. — Bab., Drah. vall., Saha.

** Athyrium Filix-fœmina Roth. — Mar. Drah., Saha.
* Aspidium aculeatum Sw. *var.* angulare. — Drah.
* Osmunda regalis L. — Mar. : Drah., Saha.

Équisétacées.

** Equisetum Telmateia Ehrh. — Ahmra, Drah. camp.

Lycopodiacées.

Selaginella denticulata Link. — Drah., Saha.

Isoétacées.

* Isoetes Hystrix DR. — Bords d'un marécage dans la partie N. de la forêt d'Aïn-Draham.

Mousses (1).

Fissidens serrulatus Brid. *var.* africanus Besch. — Drah. camp., dans les ruisseaux, Niz. (stérile).
Funaria hygrometrica L. — Bab.
Webera Tozeri Grev. — Bab.
Bryum Donianum Grev. — Saha (stérile).
Philonotis calcarea Br. et Schimp. — Drah. mar. (stérile).
Mnium punctatum Hedw. — Drah. bords des ruisseaux (stérile).
— cuspidatum Hedw. — Drah. mar. (stérile).
— hornum L. — Drah. mar. (stérile).
Leucodon sciuroides L. — Niz.
Pterogonium gracile Sw. — Vallée entre Aïn-Draham et Tabarque.
Homalothecium sericeum Sch. — Saha (stérile).
Eurynchium Stokesii Sch. — Drah. (stérile).
Hypnum cuspidatum L. — Drah. (stérile).
Sphagnum subsecundum Nees. — Drah. mar.

---

(1) Les Mousses que nous avons recueillies en Tunisie ont été déterminées par M. Bescherelle, qui a eu l'obligeance de vouloir bien les étudier avec une précision rigoureuse, malgré l'état imparfait dans lequel se trouvaient souvent nos échantillons.

5081. — BOURLOTON. — Imprimeries réunies A, rue Mignon, 2, Paris

5081. — BOURLOTON. — Imprimeries réunies A, rue Mignon, 2, Paris